내 몸의 병

우리 집 건 **북!**

현대인들에게 건강관리는 자칫 소홀히 여겨질 수 있는 부분이기도 합니다. 소 잃고 외양간 고친다는 말처럼, 큰 질병에 걸리고 나서야 건강의 소중함을 깨닫는 경우가 적지 않기 때문입니다. 이에 〈내 몸을 살린다〉 시리즈는 일상 속의 작은 습관들과 평상시의 노력만으로도 건강한 상태를 유지할 수 있는 새로운 건강 지표를 제시합니다.

〈내 몸을 살린다〉는 오랜 시간 검증된 다양한 치료법, 과학적 · 의학적 수치를 통해 현대인들 누구나 쉽게 일상 속에 적용할 수 있도록 구성되었습니다. 가정의학부터 영양학, 대체의학까지 다양한 분야의 전문가들이 기획 집필한 이 시리즈는 몸과 마음의 건강 모두를 열망하는 현대인들의 요구에 걸맞게 가장 핵심적이고 실행 가능한 내용만을 선별해 모았습니다. 흔히 건강관리도 하나의 노력이라고 합니다. 건강한 것을 가까이 할수록 몸도 마음도 건강해집니다. 책장에 꽂아둔 〈내 몸을 살린다〉 시리즈가 여러분에게 풍부한 건강 지식 정보를 제공하여 건강한 삶을 영위하는 든든한 가정 주치의가 될 것입니다.

● 일러두기

이 책의 내용은 블루베리의 기능성을 널리 알리기 위해 집필되었으며, 특정 제품과는 연관이 없음을 밝히는 바입니다. 질병 치료를 목적으로 블루베리를 섭취하고자 하는 분은 전문의와 상담하시기 바랍니다.

블루베리,
내 몸을 살린다

김현표 지음

모아북스
MOABOOKS

저자 소개

김현표 e_mail: khp69@hanmail.net
현재 경주 꽃마을 경주한방병원 자연치유센터장과, 김현표 웃음치료센터 원장,테리김웃음연구소 소장, 한국웃음생활협회 협회장, 도보여행가와 KTC대구평생교육원 자연치유과정 교수로 활동하며 기업체. 관공서. 대학교에 웃음&자연치유법에 대한 1000여회이상 강의를 하고 있으며 특히 MBC.SBS.TBC.등 방송 언론매체에 소개되어 "길위의 웃음치료사" 라는 닉네임을 얻은 국민 건강 전도사이다.

블루베리, 내 몸을 살린다

1판 1쇄 인쇄 | 2010년 12월 06일
1판 3쇄 발행 | 2012년 10월 25일

지은이 | 김현표
발행인 | 이용길

발행처 | MOABOOKS 모아북스
관리 | 정 윤
디자인 | 이룸

출판등록번호 | 제 10-1857호
등록일자 | 1999. 11. 15
등록된 곳 | 경기도 고양시 일산구 백석동 1332-1 레이크하임 404호
대표 전화 | 0505-627-9784
팩스 | 031-902-5236
홈페이지 | http://www.moabooks.com
이메일 | moabooks@hanmail.net
ISBN | 978-89-90539-86-1 03570

세계 장수국가들은 왜 블루베리를 먹을까?

현대인에게 장수는 결코 이루지 못할 꿈이 아니다. 평균 연령이 80세에 이르고 있는 지금, 다양한 장수 비법을 통해 건강한 노후를 보내고 있는 사람들이 적지 않다.

많은 학자들이 장수의 조건으로 몇 가지를 꼽는데, 하나는 깨끗한 환경, 둘째는 운동, 그리고 마지막은 음식이다. 이중에서도 음식은 우리가 일상 속에서 가장 능동적으로 도전해볼 수 있는 장수 비법 중에 하나다.

우리는 매일 같이 많은 양의 식품을 섭취한다. 또한 우리가 먹는 음식이 우리 몸을 만들고 우리 건강을 좌우한다는 것은 누구나 다 알고 있는 사실이다.

즉 장수하는 식품을 잘 먹으면, 그것만으로도 우리 몸 절반은 건강으로 이끌 수 있다.

그렇다면 세상에 널리 알려진 장수 식품들로는 어떤 것들이 있을까?

타임지가 선정한 세계 10대 장수식품

스트로베리, 아사이베리, 라즈베리 등 세상에는 많은 딸기들이 있다. 딸기는 맛도 영양도 풍부하기로 유명한데 이 딸기들 중 최고의 슈퍼푸드로 꼽히는 것은 바로 블루베리다.

블루베리는 얼마 전만 해도 대한민국 사람들에게는 생소한 과일이었다. 일반 과일에 비해 서구적인 느낌이 강했고 고작해야 가공되어 수입되거나 그 마저도 비싼 가격으로 팔리곤 했다. 하지만 최근 들어 한국에도 블루베리 농가가 급증하고 있다. 외래종이었던 블루베리를 우리의 기름진 땅에서도 길러낼 수 있게 된 것이다.

이는 미국의 시사주간지 「타임」이 '10대 수퍼 푸드' 에 토마토, 녹차, 귀리 등과 함께 블루베리를 선정한 이후부터 생겨난 변화다. 타임은 블루베리를 10대 슈퍼푸드 중 유일한 과일로 선정했고, 이후 블루베리는 세계적으로 가장 훌륭한 웰빙 푸드로 칭송받기 시작했다.

나아가 미국 농무부 산하 인간영양연구센터(HNRCA)도 40여 가지 과일, 채소 중에서 암과 노화 관련 질병의 예방 치료 효능이 가장 뛰어난 것으로 블루베리를 꼽은 바 있다. 또한 2009년 10월 15일 KBS 「생로병사의 비밀」에 블루베리의 놀라운 효능이 방영되면서, 한국에서도 블루베리는 선풍적인 인기를 끌기 시작했다.

현대인을 위한 최고의 영양 공급원

블루베리는 그야말로 현대인을 위한 과일이라 해도 과언이 아니다. 블루베리에는 안토시아닌이라는 보라색 색소가 함유되어 있다. 이 색소는 비타민 c의 2.5배, 토코페롤의 5~7배, 사과보다 3배 이상 뛰어나 항산화 능력을 지니고 있으며, 특히 눈의 피로와 시력 개선에 도움을 준다.

또한 영국에서는 "자동차 키를 어디에 두었는지 알고 싶다면 블루베리를 먹어라"는 말이 있을 만큼, 블루베리는 노화로 인한 기억력 감퇴에도 탁월하다.

또한 알츠하이머 병이나 기타 심장 질환 예방에도 효과적임이 밝혀졌다. 뿐만 아니라 복부 지방을 감소시켜줌으로써 여성들의 고민인 다이어트에도 도움을 준다.

블루베리로 가족의 건강을 지키자

이 책은 지금껏 진행되어온 블루베리에 대한 연구성과를 일반인들도 알기 쉽게 전함으로써, 블루베리를 우리 일상 속의 가까운 과일로 자리 잡게 하는 데 기여하고자 한다. 남녀노소 모두에게 큰 영양학적 가치를 가지는 블루베리는 이제 현대인들의 건강에 없어서는 안 될 역할을 하게 될 것이다.

- 매일 활력이 필요한 현대인과 병중에 있는 환자분들
- 블루베리 섭취를 고민하시는 분들
- 가족 중에 시력 저하로 고생하는 이들이 있는 분들
- 신속한 피로 회복으로 활력 넘치는 삶을 꾸려가고 싶은 분들
- 노약자 건강에 도움이 될 만한 정보를 원하시는 분들

이 분들에게 블루베리가 건강한 정보를 전해드릴 것이다.

김현표

차 례

3장 블루베리, 내 몸을 살린다

4장 블루베리로 건강을 지키는 사람들

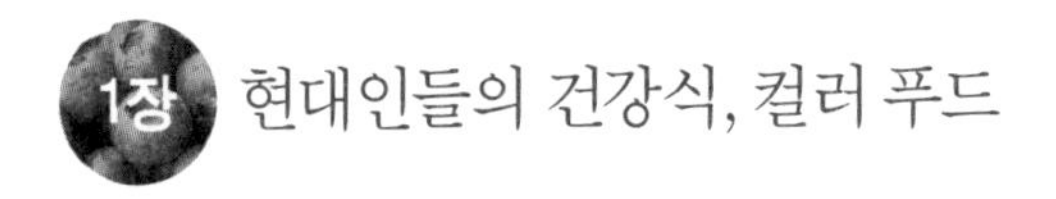

1) 노화는 예방할 수 있는가?

현대인의 장수에서 가장 큰 화두는 '노화방지' 일 것이다. 시중에 나가보면 수많은 노화방지 식품들이 눈에 들어온다. 장수란 그냥 오래 사는 것이 아니라 건강하게 오래 사는 것을 의미하는 만큼 이왕이면 건강하게, 최대한 천천히 늙기를 바라는 사람들이 많아질 것이다. 그렇다면 노화방지의 기본은 무엇일까? 바로 '항산화 효과' 라는 것이다. 항산화 효과란 우리 몸에서 일상적으로 발생하는 활성산소와 연관이 있다.

주변을 둘러보자. 웰빙 바람이 불면서 먹거리와 더불어 운동에 대한 관심도 높아지면서, 저녁 무렵 공원을 나가보면 걷기나 뛰기 운동을 하는 사람들로 붐빈다. 땀을 흘리고 나면 기분이 상쾌하고 몸의 노폐물도 빠져나간다. 더불어 체중 조절 효과는 물론 근력이 강화되어 튼튼한 몸을 가지게 된다.

이처럼 운동이 좋다는 것은 누구나 알고 있는 사실이지만 이 '만병통치약' 이라고 불리는 운동에서도 피해야 할 위험이 존재한다. 바로 활성산소, 혹은 유해산소의 지나친 발생이다.

활성산소란?

유해산소라고도 불리는 활성산소는 호흡하는 산소와는 달리 불안정한 상태의 산소로서, 환경오염과 화학물질, 자외선, 혈액순환장애, 스트레스와 과도한 운동 등으로 생산되며, 몸속에서 산화작용을 일으켜 세포막, DNA, 그 외의 모든 세포 구조를 손상해 돌연변이나 암, 각종 질병과 노화의 원인이 된다. 실제로 암 · 동맥경화증 · 당뇨병 · 뇌졸중 · 심근경색증 · 간염 · 신장염 · 아토피 · 파킨슨병 등 현대인의 질병 중 약 90%가 활성산소와 관련이 있다고 알려져 있다.

활성산소는 운동을 할 때 지속적으로 장시간 숨차게 호흡하게 되면 산소가 분자화하면서 생겨난다. 이렇게 발생한 활성산소는 뇌혈관의 내피를 상하게 하고 유전자를 다치게 하는데, 실제로 단거리 달리기 선수들의 평균 수명은 일반인보다 짧다고 조사된 바 있다.

이는 지나친 운동량으로 활성산소라는 물질이 과도하게 생겨나기 때문이다. 이 때문에 일본의 스포츠 과학계는 마라톤 선수나 등반가를 선발할 때 반드시 체내에서 활성산소가 얼마나 생성되느냐를 체크한다. 이 양이 적어야 뛰어난 선수가 될 수 있기 때문이다.

또한 활성산소는 운동만으로 생겨나는 것이 아니다. 스트레스를 받아도 코티졸이라는 스트레스 호르몬에 의해 활성산소가 발생하고, 나아가 농약, 식품첨가물, 보존료, 공기 중의 매연 등의 유해 물질이 몸에 침입해도 활성 산소가 발생한다.

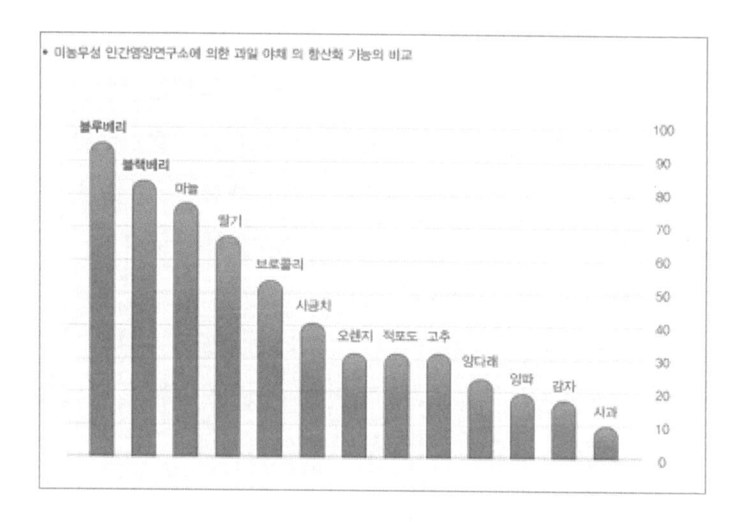

• 미농무성 인간영양연구소에 의한 과일 야채 의 항산화 기능의 비교

그렇다면 활성산소 방지는 노화 방지와 어떤 관련이 있을까? 흔히 쇠에 녹이 스는 것을 산화라고 말한다. 인간의 몸도 이 쇠와 같다.

우리가 생명을 유지할 수 있는 것은 섭취한 음식물을 몸 안에서 연소시키고 거기서 에너지를 얻기 때문이다. 그런데 이 모든 과정을 알기 쉽게 비유해보면 쇠가 공기에 닿아 녹스는 것과 비슷하다.

소화와 에너지 발화를 진행하면서 활성산소가 발생해 몸이 산화되는 것이다. 이렇게 몸이 산화되면 몸 안에 녹이 쌓이면서 이것이 질병과 노화를 불러오게 되는데, 나이가

들면서 관절과 시력, 내장 기관이 약해지는 것도 모두 이 산화작용의 결과다.

하지만 녹 슨 쇠를 잘 닦아주면 다시 반짝반짝해지는 것처럼 우리 몸도 산화를 막을 수 있다. 쇠가 녹이 스는 것은 공기 중의 산소 때문인데, 이 산소를 제거해주면 다시 본래로 되돌아온다. 마찬가지로 인간의 몸도 체내의 활성산소를 억제하고 막아주면 건강한 몸으로 돌아오게 되는 것이다.

우리는 다양한 이유로 각자 몸 안에 독소와 녹이 쌓여 있다. 만일 이 독소를 제거하고 녹을 거둬내는 방법이 있다면 어떨까? 즉 현대인의 노화방지란 이런 독소와 녹을 얼마나 잘 줄여서 몸을 신선하고 건강하게 유지하는가에 달려 있다.

2) 노화 방지의 최고 동반자, 컬러 푸드로 해결

웰빙이 트렌드로 떠오르면서 새로운 식문화가 탄생했다. 채식과 유기농 등도 이 웰빙의 결과물이다. 이중에 가장 인기가 있는 식품 중에 하나가 컬러 푸드(Color Food)라는 것이다.

컬러 푸드는 10여 년 전 미국의 'five a day' 라는 한 캠페인에서 시작되었는데, 이 캠페인은 다량의 육류와 패스트푸드와 인스턴트 음식을 섭취하는 국민들을 대상으로 하루에 다섯 가지 컬러의 채소, 과일, 곡류를 섭취하도록 권하는 운동이었다. 그런데 놀랍게도 이 캠페인 이후 각종 성인병과 암 같은 치명적인 질병의 발병률을 현저히 줄어들면서 컬러 푸드가 세계적 이슈로 떠올랐다.

지금 우리의 식생활을 보자. 육식과 패스트푸드 등 건강하지 못한 먹거리 생활은 이제 서구만의 문제가 아니다. 한국도 비만은 물론 각종 성인병과 합병증이 늘어나고 있어 다시한번 식단 영양 밸런스를 채크해봐야 할 시기를 맞이했다.

이런 시기에 만나게 될 컬러 푸드는 채식 식단의 풍비를 돋워주고 건강을 지켜주는 먹거리와 식생활은 무엇인지를 돌이켜보게 한다.

햇빛을 받고 자란 채소나 과일, 곡류 등이 우리 몸의 활성산소를 막아주고 신선한 세포을 재생시켜 여러 질병이나 노화 방지를 돕는 것이다.

다음은 컬러푸드의 종류와 기본적 지식을 정리한 것이니 잘 살펴서 일상적인 식탁에 적용해보도록 하자.

① 레드 푸드(Red food)

▶ 종류 : 딸기, 사과, 토마토, 체리, 수박, 자두, 붉은 고추, 붉은 피망, 석류, 앵두, 연어, 와인 등

▶ **효능** : 붉은색을 띠는 레드푸드는 항암 효과가 강한 리코펜과 소염 작용을 하는 안토시아닌이 풍부하게 함유되어 있어서 피를 맑게 하고 동맥경화를 예방하며 활력 증강에 도움이 된다.

레드푸드의 대표선수는 토마토로서, 암 예방과 노화방지에 효과가 있으며 딸기, 자두에 들어있는 안토시아닌이라는 성분은 아스피린보다 10배 강한 소염작용을 한다.

특히 레드 푸드는 식욕을 돋구어 주고 몸의 기운을 보충해주며 혈액순환을 도와주기 때문에 겨울철에 더 좋은 효능을 발휘한다.

② 옐로우 푸드 (Yellow food)

▶ 종류 : 당근, 감귤, 레몬, 오렌지, 감, 망고, 단호박, 파파야, 피망, 살구, 파인애플, 고구마, 좁쌀 등

▶ **효능** : 옐로우 푸드는 체내에 섭취되면 비타민 A로 바뀌는 카로티노이드계 색소가 풍부하다. 이 색소는 노화방지와 항암효과가 뛰어난데, 특히 폐암 예방 효과가 크고 헤스페레틴이라는 영양소가 콜레스테롤 수치를 낮춘다.

또한 노란색 식품에 포함된 카로티노이드는 암과 심장질환을 예방하고, 베타카로틴도 백내장에 효능이 있다. 하루에 귤 3개만 먹으면 베타카로틴 1일 권장량을 채울 수 있다.

③ 그린 푸드 (Green food)

▶ 종류 : 키위, 브로콜리, 상추, 오이, 시금치, 완두콩, 상추, 올리브유, 아보카도 등

▶ **효능** : 그린 푸드에 포함된 녹색 색소는 신진대사를 활발하게 하고 피로회복에 효과적이다. 이 식품에 포함된 카로티노이드 성분은 신장과 간장 기능을 높여주고 유해물질의 해독을 도와준다. 또한 엽록소가 자연 치유력을 높여주고 세포 재생을 도움으로써 노화를 예방해준다. 특히 비타민과 미네랄의 왕이라 불리는 키위는 감기 예방과 피로회복, 피부 미용에 도움이 되며 브로콜리는 임산부에게 특히 좋고 위암과 유방암을 예방한다.

④ 퍼플 푸드 (Purple food)

▶ 종류 : 블루베리, 포도, 가지, 팥, 자색 고구마, 자색 양배추, 등 푸른 생선 등

▶ **효능** : 퍼플 푸드 중에 과일들은 안토시아닌 성분이 풍부하다. 안토시아닌계 색소는 항산화 효과가 뛰어나고 콜레스테롤 수치를 낮춰 동맥경화를 막으며, 세포노화를 막고 암세포 증식을 억제하며 시력 저하를 예방한다. 또한 해독작용과 원기회복 작용을 하며 성기능을 향상시켜 준다.

퍼플 푸드의 최고봉인 블루베리는 포도보다 30배 넘는 안토시아닌이 포함되어 있다고 알려져 있다.

⑤ 블랙 푸드 (Black food)

▶ 종류 : 검은콩, 검은깨, 미역, 김, 오징어 먹물, 오골계, 목이버섯 등

▶ **효능** : 검은 식품도 안토시아닌 성분이 풍부해 검은색을 띤다. 이 안토시아닌과 베타카로틴이 심장질환과 뇌졸중의 위험을 줄이고 성인병을 예방한다.

또한 신장 기능을 좋게 해서 여성들에게 많이 발생하는 신장 질환에 좋고, 노화방지와 시력에 좋고 심신을 가라앉힌다. 특히 검은 콩에는 여성 호르몬과 비슷한 이소플라본이 함유되어 골다공증을 예방하고 갱년기 장애를 막아준다. 검은깨 역시 보통 깨에 비해 레시틴이 풍부해 기억력과 집중력을 높여주고 신진대사와 혈액순환을 도우며 탈모에 좋다.

한방 전문가들에 의하면 블랙 푸드는 "인체의 원천적 에

너지를 관장하는 신장 기능을 강화, 허약체질을 개선"하며, "특히 검정콩은 해독, 신경 진정 작용을 하고 신장을 다스리며 혈액순환을 활발케 하는 만큼 약재나 다름없다"고 한다. 신장이 약해 소변이 잘 안 나오고 몸은 붓는데 쉬 피로해지며 식은땀을 흘릴 때 좋다.

살펴본 것과 같이 컬러 푸드는 다양한 효능을 가지고 우리 식생활에 도움을 준다. 그런데 최근 USDA의 영양학자들이 100개 이상의 과일과 채소, 그리고 견과류와 양념류를 조사해본 결과 한 가지 사실이 밝혀졌다. 이중에 노화방지제가 가장 많이 들어 있는 식품을 조사했더니 바로 붉은 콩과 블루베리였다.

나아가 농무부(USDA) 산하 인간영양연구센터(HNRCA) 실험실의 신경 과학자들이 블루베리에 노화에 따른 정신적 손상을 늦추는 효과가 있었다고 밝히는가 하면, 블루베리의 높은 산화방지 활동력이 노화방지 효과를 내는 것으로도 알려져 있다. 그렇다면 대체 블루베리의 어떤 성분이 이렇게 다양하고 강력한 효능을 내는지 이어서 살펴보도록 하자.

* 블루베리의 영양학적 가치는 무엇인가?

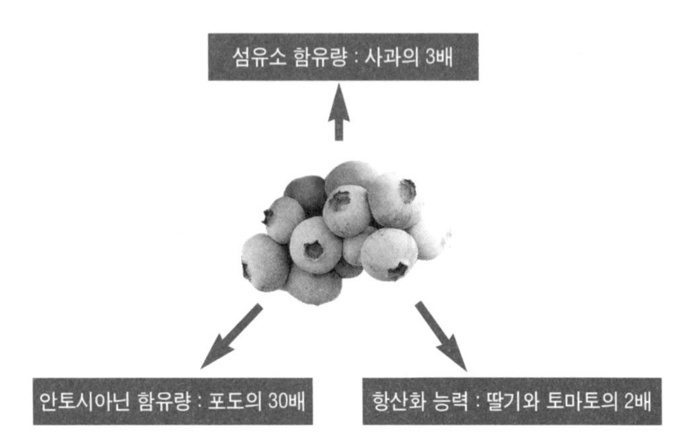

3) 안토시아닌의 비밀

컬러 푸드의 핵심은 각각의 색소에 있다. 옐로우 푸드가 카르티노이드 색소를, 레드 푸드가 리코펜을 함유하고 있다면, 퍼플 푸드인 포도와 블루베리 등의 경우는 안토시아닌이라는 색소가 풍부하다.

블루베리가 안토시아닌 색소를 만들어내는 과정은 단풍

드는 것을 생각하면 된다. 엽록체의 작용이 쇠퇴하면서 엽록소가 분해되거나, 잎에 당분이 축적되면 안토시아닌이 만들어진다. 안토시아닌은 검거나 붉은 빛을 띠며 콜레스테롤 저하, 시력개선, 혈액순환 촉진 등 생기 활성화에 큰 효능을 가진다.

미국 인간 영양 연구센터의 2003년도 연구 결과에 의하면 안토시아닌 색소는 산화방지 작용이 월등해 체내의 체세포를 보호하고 면역체계를 증진할 뿐만 아니라, 암의 예방에도 뛰어난 효과가 있다고 한다. 또한 「뉴욕타임즈」는 건강하게 오래 살기 위해 많이 섭취해야 할 음식으로 안토시아닌 함유량이 풍부한 블루베리를 권하기도 했다.

또한 안토시아닌 색소의 가장 큰 효능 중에 하나는 시력회복이다. 인간의 안구 망막에는 시력에 관여하는 로돕신이라는 색소체가 있다. 로돕신은 광자극으로 분해되는데 순식간에 재합성됨으로써 뇌의 시각 영역에 전달되어 물체를 볼 수 있게 되는 것도 이 로돕신의 작용이다. 그런데 이 로돕신이 여러 이유로 부족해지게 되면 시력저하와 각종 안구 질환이 유발된다. 그런데 이때 로돕신의 재합성을 촉진하여 활성화시키는 성분이 안토시아닌으로서, 평소 블루베리를 꾸준히 섭취하면 안토시아닌 색소가 로돕신의 재합성을 촉진하여 눈의 피로와 시력 저하를 예방하고 치료하게 된다.

이탈리아의 경우 이미 안토시아닌의 눈 기능 개선 순환기 기능 개선 등의 효과를 인정함으로써 1970년대부터 이를 의약품으로 사용하고 있다. 또한 안토시아닌은 혈관 내 노폐물을 용해하고 배설시켜서 심장병 및 뇌졸중예방에 도움이 되고, 혈액을 정화시킨다고 한다.

4) 노화방지의 제왕, 블루베리

매년 7월이면 미국 전역에서 블루베리 농장으로 사람들이 몰려든다. 미국에서 블루베리는 진한 색깔과 깊은 풍취와 감칠맛 덕에 유명인사다. 게다가 블루베리가 건강에 큰 도움이 된다는 보도가 여러 번에 걸쳐 나온 뒤로는 더 많은 사람들이 철마다 블루베리 농장을 찾는다. 현재 블루베리는 미국에서 생산되는 모든 과일과 채소 중 산화방지 능력이 가장 높은 것으로 알려져 있고, 따라서 모든 채식 중에서 가장 높은 가치를 인정받고 있다.

현재 블루베리는 항산화 성분을 많이 함유하고 있다고 한다. 흔히 알려진 녹차, 양파보다 훨씬 높은 항산화 성분을 함유한 것으로 알려져 있다. 세포를 보호하고 면역 시스템을 증진하는 산화 방지제를 많이 다량 함유해서 질병과 노화의 원인으로 지목받고 있는 활성산소를 효과적으로 중화시키는 작용이 매우 뛰어나다.

인간은 하루에 500L의 산소를 소비하여 2,100Kcal의 에너지를 생성하는데, 그중 즉 수십 L의 산소가 활성산소로 변하게 된다. 즉 활성산소는 산소와 영양소가 만나 에너지를 만드는 과정에서 생기는 화합물로서 적정량이 존재할 경우 세균이나 이물질을 공격해 없애는 역할을 하지만 그 양이 지나치면 몸 안을 순환하면서 혈관을 막고, 세포를 손상 및 호르몬 체계를 혼란시켜 암을 유발하거나 당뇨병을 일으키는 등 폐해가 심각하다. 혈관과 내장의 각 기관에 손상을 주어 암과 뇌졸중, 혹은 각종 생활 습관에서 비롯된 병에 발병 원인이 되는 것이다.

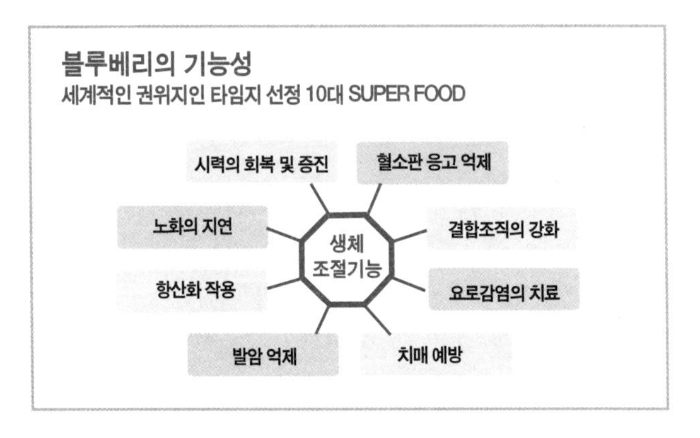

이 때문에 체내에는 혈액 중 비타민 C와 E, 글루타치온 등의 환원물질, 카로티노이드와 요산, 피리루비, 알부민 등의 황산화 물질이 존재하여 활성산소의 증가와 작용을 억제하게 되는데, 이때 블루베리는 풍부한 안토시아닌 함유량으로 강한 항산화 능력을 발휘한다. 항산화 효과를 갖는 물질로는 비타민 A, B, C, E, 셀레늄 등이 대표적이며, 블루베리의 안토시아닌은 항산화물질로 알려진 토코페롤보다 5~7배 강한 효과를 낸다.

TV, 신문 등 각 언론사 보도!

우리 몸에 얼마나 좋기에...

언론마다 '블루베리' 극찬 또 극찬!

바야흐로 지금은 '블루베리 열풍'의 시대다. 지금 이 순간에도 블루베리의 신비로운 비밀에 대해 모든 언론이 앞 다투어 보도하고 있다.

- 보랏빛 기적, 블루베리 - SBS 잘 먹고 잘 사는 법 2010. 7 . 10
- 안티에이징 푸드, 블루베리 - SBS 생방송 투데이 2010. 1. 16
- 중년을 위한 슈퍼 푸드, 블루베리 - KBS 생로병사의 비밀 2009. 10. 15
- 세계 10대 슈퍼 푸드, 블루베리 - 미 타임지 2009. 8. 26
- 신이 주신 건강덩어리, 블루베리 - 매일경제 2009. 8. 10
- 계절의 보석, 블루베리 - KBS 싱싱 일요일 2007. 6. 24
- 젊음의 파트너, 블루베리 - MBC 정보토크 팔방미인 2005. 8.24

과일 그 이상의 건강을 담은 Blueberry

-레이디경향 2010년 8월호

유실수에 과일이 열리면 가장 먼저 과일을 맛보는 것이 새들이다. 이런 새들도 한 번 맛보면 겁 없이 달려든다는 블루베리. 한 알만 먹어도 입 안에 상큼함이 퍼지는 영양 성분이 가득한 여름철 보석, 블루베리를 농장에서 직접 따 새콤 달콤한 건강 음식을 만들었다.

「타임」지가 선정한 10대 슈퍼푸드 중 유일한 과일로 선정

된 블루베리. 불과 몇 년 전까지만 해도 국내에선 재배하는 곳이 많지 않아 대형마트의 냉동 코너에서만 만날 수 있었는데 최근에는 국내 재배가 활발해지면서 신선한 블루베리를 맛볼 수 있게 됐다.

블루베리는 5월 초 꽃이 피고 6월 말 과일을 맺어 8월까지 수확하는데 이 기간에만 싱싱한 블루베리를 맛볼 수 있어 더욱 귀한 과일로 칭송받는 것일지도 모른다. 블루베리는 꾸준히 먹으면 암, 당뇨병, 심장병, 치매 예방은 물론 수명까지 연장시킬 수 있다고 알려져 인기가 높다. 이는 보라색 색소에 함유된 안토시아닌의 효능 때문인데, 비타민 C의 2.5배, 토코페롤의 5~7배, 사과보다 3배 이상 뛰어난 항산화 능력을 지녀 특히 눈의 피로와 시력 개선에 도움을 준다.

다만 한 가지 걱정되는 것은 다른 과일을 먹을 때도 마찬가지겠지만, 아무리 깨끗하게 씻어도 남아 있는 농약이다. 하지만 블루베리는 야생 상태에서 자라야 품질이 좋기 때문에 대부분 유기농 재배를 하고 있어 안심해도 된다. 특히 주성분인 안토시아닌과 비타민 C가 껍질과 씨에 집중돼 씻지 않고 껍질째 먹는 것이 가장 좋다. 하지만 건조하거나 냉동해 먹어도 영양상 별 차이는 없다.

"맛있는 음식은 사람의 손맛과 싱싱한 식재료가 좌우한다고 생각해요. 블루베리를 이용한 음식을 만들었을 때 냉동 제품으로 만든 것과 생과육으로 만든 것이 확실히 다른 것처럼요."

신선한 재료가 최상의 맛을 낸다는 점을 강조하는 푸드스타일리스트 김형님이 블루베리의 수확 시기에 맞춰 농장에서 직접 공수하기 위해 여행을 떠났다. 서울에서 그리 멀지 않은 곳에 위치한 경기도 평택의 '푸른하늘농장'. 차에서 내리자마자 서울과 다른 신선한 공기에 감탄하고 눈앞에 펼쳐진 블루베리가 가득 달린 나무들로 또 한번 놀랐다. 평소 팩에 든 블루베리만 봤지 실제로 그 나무나 꽃을 본 적이 없었던지라 1년 동안 온갖 악조건을 견뎌내고 영근 짙은 보랏빛 열매는 경이로울 정도였다.

곧바로 어린 묘목들에 탱글탱글 맺힌 블루베리를 따기 시작, 한 알 먼저 입에 넣고 톡 깨물어보니 입 안 가득 상큼함이 퍼진다. 현지에서 직접 수확한 가장 신선한 과일을 먹는 재미란 바로 이런 것! 소풍 나온 것처럼 즐거운 마음에 시간 가는 줄 모르고 있다가 신선한 상태 그대로 가져가 요리를 만들 생각에 퍼뜩 정신을 차렸다. 넓은 대지에 아직은 작은 묘

목들만 빼곡히 자리해 있지만 몇 년 뒤에는 2m 이상 키가 커져 지금보다 훨씬 많은 블루베리가 열린다고 하니 그날을 기약해보기로 하고 아쉬운 발걸음을 돌렸다.

블루베리 구입하기 전 알아둘 것!

블루베리의 효능은 잘 알고 있지만 아직은 다소 비싼 가격과 구입 루트의 한계로 대중적이지 못하다. 그래서 블루베리를 구입할 때 어떤 점에 주의해야 할지 잘 모르는 사람이 많다. 특히 수입산과 국산의 구별법에 대한 질문이 많은데, 블루베리는 껍질이 얇고 육질이 부드러워 작은 충격에도 쉽게 무르기 때문에 수입 통관 금지 품목 중 하나이다. 그래서 수입산 블루베리는 냉동이나 건조된 상태로 들어오는 것.

따라서 생 블루베리는 모두 국내산이라 생각하면 된다. 생 블루베리는 진청색의 통통한 것이 좋은데 크기에 관계없이 향이 진한지 확인할 것. 구입 후에는 냉장고에 두면 일주일 정도 신선하게 유지된다. 제철에는 생으로 먹는 것이 가장 좋다.

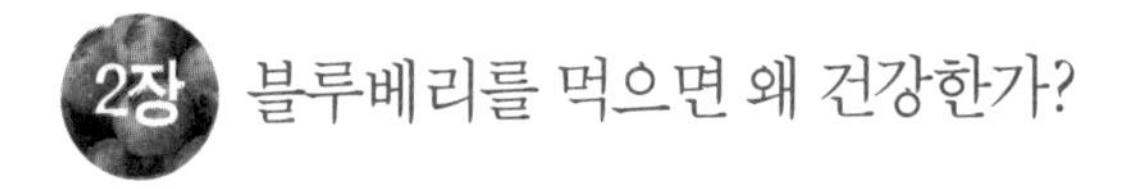

1) 20세기의 위대한 발견, 블루베리

과거 블루베리는 본래 인디언들이 식량과 약용으로 이용하던 작물이었다. 당시 인디언들은 숲 등지에서 블루베리를 채집해서 생과를 먹고, 나머지는 저장해서 겨울철의 주요 영양원으로 이용했다. 이 때문에 인디언들은 블루베리를 "부족들의 배고픔을 달래주는 위대한 영혼"이라고 숭배할 정도였다.

그러던 1620년 경 신대륙에 이주했던 유럽인들이 혹독한 겨울과 경작 실패로 질병과 굶주림으로 고통 받고 있을 때였다. 이를 곁에서 지켜본 인디언들이 자신들이 수확해서 말려서 저장해 두었던 블루베리를 이들과 나누어 먹었고,

이것이 비타민 보급원이 되어 이들의 질병예방과 건강회복에 기여함으로써 '생명의 은인' 으로 불리게 되었다. 그리고 이후 신대륙 사람들은 인디언들로부터 경작 기술을 배운 뒤 20세기 초 미국에서 국가적 사업으로 블루베리의 품종 개량 및 가공 산업을 발전시켰다.

이후 블루베리가 다시 한번 주목받게 된 것은 제 2차대전 중 한 영국인 조종사에 의해서였다. 이 조종사는 블루베리잼을 너무 좋아해 매일 많은 양을 먹었는데 차후 "야간비행과 새벽 전투 속에서도 모든 걸 환하게 보았다"는 증언을 했고, 이 사례를 보고받은 이탈리아와 프랑스에서 이것이 블루베리의 영향이라는 가정 하에 블루베리의 기능성 연구를 시작했다.

블루베리의 안토시아닌 색소가 시력 향상에 효과가 있다는 사실이 밝혀진 것도 이 연구들을 통해서였다.

나아가 세계 각지에서도 연구가 진행되면서, 블루베리는 시력 향상 효과 외에 높은 건강 효과가 있다는 점이 알려지게 되면서 세계적으로 높은 관심과 주목을 끌게 되었다. 현재 블루베리는 미국 독일 칠레, 남아공, 일본, 중국 등지에서 대규모로 재배하고 있으며, 최근 우리나라도 블루베리에 대한 이해와 관심이 높아져 새로운 농가들이 증가하고 있는 추세다.

현재 재배되는 블루베리는 1900년대 초반 미국 농무성에서 북미에 자생하는 야생종을 개량하여 육성한 것으로, 본래 블루베리는 북아메리카 원산으로 20여 종이 알려져 있고, 한국에도 정금나무 · 산앵두나무 등이 있다. 높이가

5m 내외로 자라는 하이부시베리(high bush berry)와 높이가 30cm 내외로 자라는 로부시베리(low bush berry), 또 하나의 종인 래빗아이베리(rabbit eve berry)로 나뉘어진다.

로부시베리는 미국 북동부에서 많이 재배하고 3년마다 불로 태우면서 가꾼다. 산성이 강하고 물이 잘 빠지면서도 촉촉한 토양에서 잘 자라는데, 우리 토양과도 적합해서 현재 우리 농가들에서도 다량 생산 중이다. 달콤하고 신맛이 나서, 날것으로 크림과 함께 후식으로 많이 먹으며, 과자 반죽에 넣거나 잼 · 쥬스 · 통조림 등을 만든다.

2) 블루베리의 뛰어난 영양학적 가치

인체에 영양을 제공하는 과일의 1차 기능으로 가장 중요한 것은 일상식에서는 결핍되기 쉬운 비타민과 미네랄의 포함량이라고 할 수 있다.

블루베리는 다른 어떤 과일보다도 각종 비타민과 미네랄이 풍부하게 포함되어 있으며, 맛은 물론 열매 색 또한 진청색이라 시각적으로도 상큼하다.

그러나 블루베리의 영양학적 · 기능적 가치는 여기서 끝나지 않는다. 미국의 음식과 영양 분야의 권위자 터프트 대학의 짐 조세프(Jim Joseph)의 연구조사에 의하면 블루베리는 산화 방지력과 항염 작용 및 노화방지에 탁월한 효능을 보인다.

이와 관련한 신문기사가 나간 뒤 미국에서는 블루베리가 한때 없어서 못파는 귀한 과일이 되는 바람에 비 수확철에는 남미산 블루베리를 수입해서 팔 정도였다.

블루베리는 껍질에 영양소가 풍부하고, 전체가 영양물질 덩어리라고 해도 과언이 아니다 . 블루베리의 껍질부터 알맹이까지 안토시아닌(anthocyanins), 베타 카로틴(beta-carotene), 클로로제닌 산(chlorogenic acid), 켐페롤(kaempferol), 마이리쎄틴(myricetin), p- 쿠마릭 산(p-coumaric acid), 쿼서틴(quercetin), 페룰릭 산(ferulic acid), 농축된 탠닌(condensed tannins), 과당성 올리고당(fructo-oligo-saccharides), 레스베라트롤(resveratrol) 등이다 .

여기에 비타민 · A, 비타민 · C, 비타민 · E, 엽산 , 철분 , 아연 및 풍부한 섬유질이 포함되어 있다. 또한 무기염류 중 아연과 망간 함량이 특히 높다.

다음은 블루베리에 포함된 각각의 영양소들의 효능과 역할을 정리한 것이다. 블루베리의 다양하고 광범위한 효능이 잘 드러나 있다.

① 기초 성분과 무기질

블루베리의 기초 성분은 아연, 구리 및 망간을 비교적 많이 함유하고 있고, 탄수화물은 평균 13.8%로 사과와 거의 비슷하다.

나트륨(Na) 함량은 1.0mg정도이고 칼륨(K)은 80mg, 칼슘(Ca)은 7.2mg, 마그네슘(Mg)은 5.1mg, 인(P)은 9.7mg 정도다. 또한 철(Fe)이 평균 0.2mg 정도 포함되어 있고, 아연(Zn)이 109mg으로 상당히 높은 함량 수치를 보인다. 종류별로 비교하자면, 에너지와 탄수화물 함량은 로부시베리가 높고, 칼슘 함량은 하이부시베리가 높다.

② 비타민류

흔히 비타민의 제왕 하면 사과를 떠올린다. 그런데 블루베리의 비타민 A 함유량은 55mg으로 사과의 5배이고, 비타민 B의 함량은 0.035mg, 나이아신은 0.30mg, 엽산은 8.5mg으로 사과 또는 배보다 많이 함유되어 있다. 비타민 C는 12.1mg으로 사과의 4배이다. 또한 비타민 A의 함량과 효력은 하이부시베리가 높고, 비타민 B2와 엽산, 비타민 C의 함량과 효능은 로부시베리가 높다.

③ 식용 섬유

블루베리 과실 성분의 가장 큰 특징은 식용 섬유가 많다는 점이다. 함유 총량은 3.3~4.13%로 사과나 배의 3배 이상이어서 생과일에서는 섬유질이 가장 많은 과일이라 할 수 있다. 이것은 블루베리는 과일 통째로 먹기 때문이다. 불용성 섬유와 총량은 로부시베리가 하이부시베리보다 많다.

④ 아미노산

블루베리 성숙 과실은 18종의 아미노산을 함유하고 있다. 글루타민산(0.083g), 아스파라긴산(0.052g), 로이신(0.040g), 아르긴(0.034g), 아라닌(0.028g)등이다. 이 함유량은 과실의 성숙 단계에 따라 변화한다.

⑤ 기체 형태의 향기

잘 익은 블루베리 과실은 향기 성분이 풍부하다. 주로 트렌스-2-헥사놀(Trans-2-Hexanol) 성분이 많고, 그 외에 에탄올과 리모네네가 향기를 만들어낸다.

⑥ 엘그라산

엘그라산은 식물성 폴리페놀의 일종으로서 항산화, 항바이러스, 항돌연변이, 항암 기능을 가지고 있고, 유방과 식도와 피부, 결정, 전립선과 췌장 암세포 활동을 억제한다.

⑦ 엽산

엽산은 혈액과 세포 생성에 도움을 주고 태아의 외세포와 시신경의 발달을 도와서 임산부 여성에게는 필수적인 영양소다. 엽산이 부족해지면 빈혈, 피로, 가슴 두근거림 등이 나타날 수 있다. 또한 엽산은 자궁경부암을 예방하는 데도 도움이 된다.

⑧ 항균제

스웨덴에서는 아이들의 설사병 치료에 건조시킨 블루베리를 사용한다. 안토시아노사이드라는 자연 물질이 종종 감염을 일으키는 박테리아를 죽이기 때문이다.

⑨ 섬유소

일반적인 섬유소 적정 섭취량은 하루 25g이다. 블루베리는 식이섬유의 주요 공급원으로서 100g당 2.7g의 섬유소를 함유하고 있다.

⑩ 방사선 차단

블루베리가 방사선으로부터 인체를 보호한다는 증거들이 있다. 쥐들에게 블루베리가 섞인 사료를 먹인 뒤 방사선을 쬐었는데 방사선 병 징후가 나타나지 않은 것이다. 우리는 항상 환경으로부터 방사선의 위협을 받는다. 특히 노약자나 환자 등 방사선에 취약한 이들에게는 블루베리가 좋은 작용을 할 수 있다.

블루베리 영양성분표(100g당)

영양분	함량	단위	영양분	함량	단위
열량	57.00	kcal	칼륨	77.00	mg
수분	84.21	g	인	12.00	mg
단백질	0.74	g	나트륨	1.00	mg
지질	0.33	g	칼슘	6.00	mg
탄수화물	14.49	g	마그네슘	6.00	mg
식이섬유	2.40	g	망간	0.34	mg

영양분	함량	단위	영양분	함량	단위
회분	0.24	g	철분	0.28	mg
비타민	9.70	mg	아연	0.16	mg
비타민 A효력	54.00	IU	셀레늄	0.10	mg

출처 USDA National Nutrient Database For For Standard Reference Release 17(2004)

3) 건강한 두뇌가 건강한 인체의 시작이다

우리 몸의 전체 중에 가장 중요한 부분은 어딜까? 어느 것 하나 중요하지 않은 것이 없지만, 인체의 모든 것을 관장하는 두뇌야말로 인체의 주요 장기일 것이다. 용적인 전체 몸무게의 5%밖에 되지 않지만 두뇌는 우리 몸의 20%를 차지하는 혈액의 순환을 담당한다. 이는 두뇌가 우리 몸의 신진대사에 결정적인 역할을 하며 매우 바쁘게 움직이고 있음을 말해준다.

즉 두뇌는 항상 많은 업무를 해내는 기관이며, 따라서 다른 장기보다 훨씬 많은 산소를 쓰게 된다. 그런데 문제는 이렇게 두뇌가 활발히 움직일수록 두뇌에 활성산소가 많이 발생한다는 점이다. 이는 두뇌가 몸의 다른 부위보다 가장 빨리 노화할 수 있는 환경에 놓여 있음을 뜻한다.

만일 다른 몸은 건강한데 두뇌가 늙으면 어떨까? 아마 몸의 다른 부분도 저절로 급격한 노화를 맞이하게 될 것이다. 우리가 두뇌를 소중히 보호해야 하는 이유도 이 때문이다. 적절한 산화방지제를 많이 섭취해 몸의 다른 부분뿐만 아니라 두뇌의 산화방지에도 주의를 해야 하는 것이다.

그런데 블루베리의 탁월한 두뇌 산화방지 작용에 대한 실험결과가 등장한 바 있다. 앞서 소개한 터프트 대학 짐 조세프의 실험이다. 그는 블루베리가 두뇌의 산화 작용을 방지할 뿐만 아니라 심지어 산화된 두뇌도 일정 정도 환원시킬 수 있음을 실험을 통해 증명한 바 있다.

몇 그룹의 쥐들에게 일반 사료와 블루베리를 섞은 사료를 배식했는데 블루베리를 섞어 먹인 쥐들이 운동신경과 함께 몸의 균형감각과 인식 작용 모두가 개선된 것이다. 심지어 이 쥐들은 두뇌의 뉴런들이 재생되는 양상까지 보였다. 이는 일단 파괴된 두뇌세포는 다시 재생되지 않는다는 일반적인 통념을 뒤집는 결과였다.

블루베리가 두뇌에 좋은 영향을 미친다는 또 다른 실험도 있었다. 남 플로리다 대학의 데이비드 모겐과 게리 아렌대시의 실험이다. 이들은 유전자 조작을 통해 쥐들에게 알츠하이머 치매환자의 뇌에서 발견되는 아밀로이드를 일부러 형성시켰다.

이후 이 쥐들에게 블루베리 사료를 배식했는데, 놀랍게도 이 쥐들은 뇌에서 아밀로이드가 형성되었음에도 두뇌 작용은 거의 정상에 가까웠다.

이런 결과가 나온 것은 블루베리 성분들이 두뇌 작용에 필요한 효소와 단백질의 수준을 높여 두뇌세포들이 형성된 아밀로이드를 피해 인식 작용을 지속할 수 있었다는 것이다 .

사실 우리 장기에 영향을 미치는 음식들은 많다. 하지만 두뇌에 좋다는 음식은 그다지 많지 않은 상황인 만큼 두뇌와 관련한 블루베리 실험은 상당한 의미를 가진다. 평소에 블루베리를 많이 섭취하면 몸의 건강은 물론이거니와 두뇌 건강까지 도모할 수 있는 셈이다.

블루베리가 두뇌에 미치는 영향은 무엇인가

① 뇌의 파워가 증가함 : 「타임」이 소개한 동물실험

② 학습, 기억력, 조정력의 증가 : 바바라 헤일 박사, 미 농무부 신경학 연구소

③ 학습, 기억을 관장하는 뇌 융기에 새로운 뉴런 형성 : 인간 하루 1컵에 해당하는 야생블루베리를 공급한 동물실험

④ 블루베리를 섭취한 동물이 더 현명함 : 미 농무부 인간 영양센터

⑤ 노화에 의한 기억력 감퇴와 치매 방지 : 제임스 조셉 박사 실험, 미 농무부 영양센터

⑥ 흡연, 노화로 인한 두뇌 손상 방지 : 에드워드대학 과학자 캐나다 프린세스의 실험

⑦ 두뇌 세포의 신경 전달 용이 : 메디컨 병원의 레즐리 백의 실험

4) 밝은 눈으로 생명력 넘치는 삶을 유지하라

최근 눈 건강에 도움을 준다는 식품들이 주목을 받고 있다. 이는 최근 심각해진 현대인들의 눈 건강과 관련이 있다. 요즘 아이들은 어릴 때부터 컴퓨터, 수험 생활 등으로 눈을 혹사시키고, 영양 불균형으로 선천성 난시에 시달린다. 그런가 하면 직장인들의 눈 피로와 시력저하, 노년층의 백내장 등으로 고통 받는다.

시력은 잃기 전에는 모르지만, 막상 잃고 나면 얼마나 중요한지를 알게 된다. "몸이 천 냥이라면 눈이 구백 냥"이라는 말이 괜히 나온 것이 아니다. 아무리 건강하다 한들 눈앞이 흐릿하면 무슨 즐거움이 있겠는가? 눈이 혹사당하고 눈앞이 잘 보이지 않으면서 심리적으로도 위축되고 주눅이 들 수밖에 없다.

앞서 우리는 블루베리의 안토시아닌의 효능을 살펴보면서 블루베리가 로돕신의 재합성 작용의 활성화를 촉진시켜 시력의 집중을 높여주고 피로를 풀어준다는 점을 살펴보았다. 그렇다면 시력은 어떤 과정으로 나빠지는 것일까?

이것은 눈을 계속적으로 사용하면서 필연적으로 나타나는 현상인 동시에, 외부의 유해환경과도 연관이 있다. 우리 눈의 로돕신은 빛의 자극을 뇌로 전달하여 '물체가 보인다' 고 느끼게 한다. 하지만 눈을 계속적으로 사용하고 나이가 들면서 이 로돕신이 서서히 분해되기 시작한다.

로돕신은 비타민 A가 옵신(Opsin)이라는 단백질과 결합해서 생성하는 것인데, 분해되는 만큼 그 생성이 이루어지지 못하면 시력저하가 진전되게 된다.

또한 컴퓨터나 텔레비전 브라운관 등을 많이 보게 되면 뚫어져라 바라보게 됨으로써 눈을 깜빡이는 횟수가 줄어들고 눈이 건조해져 또 다시 노화가 진행되게 된다.

이때 안토시아닌은 로돕신뿐만 아니라 망막의 드롭신이라는 시각 관여 물질의 재합성을 활성화시켜 시각 기능을 향상시키고 시각 예민 개선, 안구 피로 완화, 초기 근시를 완화하는 효과를 가진다.

또 하나, 눈부심과 눈 피로 등으로 집중력이 떨어질 때 블루베리를 지속적으로 섭취하면 집중력 향상에도 큰 도움을 준다는 연구 결과도 있다.

노인들의 백내장도 마찬가지다. 안토시아닌 색소는 비타민 P와 같은 작용을 하는데 모세혈관으로부터 혈액이 나오는 모세혈관투과성을 억제하고 망막을 튼튼하게 하여 망막박리와 백내장을 방지한다.

또한 앞서 우리는 블루베리가 로부시베리, 하이부시베리, 래빗아이베리의 세 종류로 나뉜다는 것을 알아보았다.

특히 이 중에 로부시베리에 속하는 빌베리는 안토시아닌 배당체(VMA)가 아메리카, 캐나다산 야생블루베리와 재배종에 비해 2~3배가량 함유되어 있어서 시력 개선에 큰 효과를 가진다.

그 밖에도 안토시아닌은 지방질을 잘 흡수하고 혈관 안의 노폐물을 용해, 배설시키는 성질이 있어서 피를 맑게 한다. 또한 혈관을 보호하고 혈소판의 불필요한 작용을 억제하여 혈액순환 개선에도 도움을 준다.

높은 항염 효과를 지니고 있어 신체에 나쁜 병균을 없애주는 효과를 지닌다는 것도 블루베리가 최고의 건강식인 이유다.

블루베리의 효능 4가지

● 면역 시스템 강화

항산화와 직결되는 블루베리의 효능 중 하나. 세포를 보호하는 산화 방지제의 역할을 한다.

● 시력 증강효과

블루베리는 물체가 보이는 것을 감지할 수 있는 로돕신의 활성화와 망막의 드롭신의 활성화를 촉진시킨다.

● 기억력 향상 효과

블루베리에 함유된 안토시아닌과 플라보놀스 같은 성분이 뇌로 들어가 기존의 신경세포 간 연결을 촉진시켜 세포신경을 활성화시켜 기억력 증진에 도움을 준다.

● 혈액 및 혈관 정화효과

보랏빛이 감도는 블루베리의 색소는 혈관에 낀 노폐물을 용해, 배설시키는 성질을 갖고 있다.

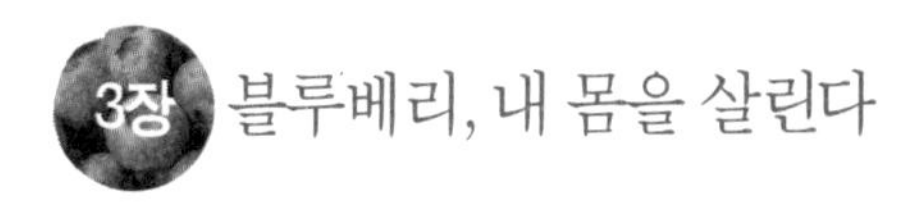

3장 블루베리, 내 몸을 살린다

블루베리는 언뜻 보면 후식용이나 간식으로 먹을 만한 과일로 비춰질 수 있다. 하지만 앞서 살펴본 것 이상으로 훌륭한 약리효과를 발휘하는 것이 블루베리다.

이번 장에서는 블루베리의 다양한 약리효과를 살펴보도록 하자.

1) 블루베리와 암

암은 우리나라 성인의 사망원인 20% 이상을 차지한다. 고령화 사회로 진입하는 우리 사회에 피할 수 없는 재앙이자 젊은 사람들에게도 공포의 대상인 것이다.

최근 통계에 의하면 암 치료 유경험자가 10% 증가했다는 보고가 있다. 이는 나이와 관계없이 암 발생 수치가 늘어나게 될 것임을 보여준다.

이처럼 암이 가장 유력한 현대병으로 자리 잡게 된 데에는 여러 원인이 있지만, 가장 큰 것은 식습관의 변화와 유해물질의 섭취, 물질문화로 인한 스트레스, 세 가지로 요약된다.

여기서 주목해야 할 부분은 암은 어느 날 갑자기 만들어지는 게 아니라는 점이다. 우리 몸에서는 매일 약 1000개에서 2,000개의 암세포가 만들어진다.

하지만 모든 사람이 이 때문에 암 환자가 되는 건 아니다. 우리 몸에는 방어 시스템이 있어서 손상된 유전자를 재생시키고 새로 생겨난 암세포를 제거하는 기능이 있다.

하지만 항산화제의 고갈로 산화가 급격히 진행되고 우리 몸의 방어 시스템이 이 수준을 감당할 수 없게 되면 암세포가 비정상적으로 증식하게 되면서 암에 걸리게 된다.

블루베리의 암 예방 효과

블루베리는 바나나의 2.5배 정도의 높은 식물 유지 함량으로 인체의 정장 작용과 대장암 예방효과를 지닌다. 소장에서 당과 콜레스테롤의 흡수를 억제하고 장내에서 발생하는 독소의 생성을 억제하여 대장암을 예방하는 것이다.

또한 블루베리에는 안토시아닌, 클로로겐산, 프로 안토시아닌, 플라보노 배당체, 카테킨 등 다양한 폴리페놀이 함유되어 유방암과 자궁암을 발생시키는 유해물질의 배출과 정화를 돕는다.

2) 블루베리와 알츠하이머

알츠하이머는 노인들에게 치매를 유발하는 가장 흔한 질환이다. 한 통계에 의하면 65세에서 85세 사이에는 나이가 5세 들 때마다 알츠하이머병의 발병률이 2배씩 높아진다고 한다. 알츠하이머는 일단 발병하면 멈출 수 없는 데다 근본적인 치료법도 없다. 또한 삶의 질과 총체적 건강 상태가

악화되어 정상 노인보다 평균기대수명이 단축된다.

알츠하이머는 아밀로이드와 같은 신경 독성물질의 축적으로 인한 양측 측두엽의 기능 저하로 시작되고, 점차 비정상적으로 뭉쳐 있는 특징적인 단백질 덩어리인 베타 아밀로이드가 쌓여 발생한다.

아직 알츠하이머의 원인에 대해서는 정확히 알려진 바가 없지만 노화가 알츠하이머의 가장 중요한 위험 인자임은 분명하다. 일부 환자에서 유전적 원인이 알츠하이머의 발병에 기여한다는 사실이 알려져 있다.

같은 질문을 반복하거나 대화 도중 주제를 잊거나 적절한 단어를 찾아내는데 어려움을 느끼면 알츠하이머를 의심해야 한다. 이 시기에 환자는 익숙한 일과 익숙한 장소에만 머무는 경향이 있으며 새로운 일이나 생소한 상황을 피하려 한다. 기억력 저하가 뚜렷해지면서 분노, 좌절, 무력감을 느끼며 우울증이 발생하게 된다.

블루베리의 알츠하이머 예방 효과

미국 보스톤 소재 튜프대학 노화연구소의 제임스 조셉 박사는 화학자들의 연례회의에서 건강한 식생활을 하면 노화에 수반되는 정신력 감퇴를 예방할 수 있다고 발표하고 블루베리 실험을 공개했다. 사람이 하루 동안 섭취하는 양의 블루베리를 노화된 쥐에게 섭취시켰더니 산화적 손상이 줄어든 것이다. 당시 연구자들은 알츠하이머병과 유사하게 유전자를 조작한 정상 쥐를 사용하여 블루베리를 먹이면서 3차원 미로 시험을 실시했다. 유전적으로 조작된 쥐들의 뇌에게 치매로 인한 플라그가 형성되기 1년간의 기간이었다. 그렇게 알츠하이머 증상을 조작한 쥐들 중에서 블루베리를 먹이지 않은 쥐들은 미로 시험에서 성적이 점차 나빠진 반면, 블루베리를 먹인 쥐들은 플라크가 형성되었음에도 정상 쥐와 비슷한 성적을 보였다. 조셉 박사는 실험 결과 블루베리가 뉴런의 작용에 직접적인 영향을 미칠 뿐 아니라, 사람을 대상으로 실시한 예비 연구에서도 동일한 효과를 보았다고 밝혔다.

또한 블루베리는 노화에 따른 운동기능 저하를 예방하는 효과가 있고, 폴리페놀에 함유된 프로토시아닌이 강한 항산화 작용으로 나쁜 콜레스테롤의 생성을 억제시켜 동맥경화 발병을 억제하는 만큼, 노약자들의 치매 예방과 건강에 도움이 되는 좋은 음식이라고 할 수 있다.

3) 블루베리와 당뇨병

당뇨병은 식생활과 장내 부패가 큰 원인이다. 이 경우 당뇨병에 치명적인 고단백 · 고지방 식품을 멀리하고, 과일과 야채를 많이 섭취하면서 적절한 식생활을 조절하면 증진 효과를 볼 수 있다. 다만 이때 대증치료의 화학약제인 혈당강하제를 중지해야 우리 몸도 자기 힘으로 당뇨를 극복할 수 있다.

블루베리의 당뇨병 예방 효과

다양한 효능을 가진 항산화 물질 안토시아닌은 심장병과 암 예방 효과는 익히 알려져 있었지만, 당뇨병에 효능이 있다는 연구 결과는 최근에 등장했다. 안토시아닌이 성인들에게 나타나는 2형 당뇨병의 발병을 예방할 뿐만 아니라 이미 당뇨병이 발생한 환자들의 혈당을 조절하는 데 도움이 된다는 결과다.

4) 블루베리와 콜레스테롤

동맥경화증과 심혈관질환의 주된 원인은 혈중 콜레스테롤의 산화와 손상으로 인한 혈관 변성이다. 피가 끈적끈적해지고 혈관 벽이 약해지는 것이다. 이렇게 되면 심장에 혈액을 공급해주는 관상동맥이 막혀버리고 결국 심장근이 괴사해 전신의 혈액 공급에 문제가 생겨 사망에 이르게 된다.

블루베리의 콜레스테롤 예방 효과

미국농무부 연구원이자 화학자인 애그니스 리만도 박사에 의하면, 블루베리의 성분 중에 포함된 프테로스틸벤이라는 성분이 혈중 콜레스테롤을 감소시키는 효과가 있다고 한다. 실험용 쥐의 간세포를 블루베리에 포함된 네 가지 성분에 노출시켰더니 프테로스틸벤이 콜레스테롤과 다른 혈중 지방을 분해하는 단백질을 활성화한 것이다. 이는 블루베리가 비만과 심장병을 막는 새로운 치료제로 활용될 수 있음을 보여준다.

또한 블루베리의 테로스틸벤이라는 성분이 "기존 약이 잘 듣지 않는 환자들에게 있어서 콜레스테롤 수치를 낮추는 기능식품으로 발전할 가능성이 크다"는 연구 결과도 있다. 미 농무부 농업 연구청 소속 과학자들의 실험 결과, 이 물질이 콜레스테롤을 감소시켜 비만과 심장병을 퇴치하는 효과가 발견된 것이다. 또한 데이비스 캘리포니아 대학 과학자들도 블루베리가 심장 질환과 발작의 원인이 되는 해로운 콜레스테롤 형성을 막아준다는 연구 결과를 발표했다. 이는 블루베리의 보라색을 내는 안토시아닌계 색소가 동맥에 침전물이 생기는 것을 막아주기 때문이다.

5) 블루베리와 비만

모든 성인병의 원인이 되는 질환 중에 하나가 비만이다. 비만은 잘못된 식생활과 운동 부족이 원인으로서 체중이 늘어 외적으로 보기 좋지 않을 뿐만 아니라 혈액의 과지질화를 가져와 동맥경화, 심장병, 뇌졸중 등을 발생시킨다. 따라서 성인병을 치료하려면 반드시 그 전에 비만부터 치료해야 한다.

비만 치료의 비만에 도움이 되는 식생활을 유지하고 적절한 운동을 겸하는 것이다. 그런데 블루베리에도 비만 치료 효과가 있는 것으로 알려져 있다.

블루베리의 비만 예방 효과

뉴올리언스에서 열린 실험생물학 연례 학술회의에 의하면, 블루베리가 복부 지방을 감소시켜 다이어트에 도움을 준다고 한다. 미시간 대학 연구진이 사료에 블루베리 가루를 섞어 쥐에게 먹였는데, 이것을 먹은 쥐가 그렇지 않은 쥐보다 복부지방과 콜레스테롤 수치가 낮게 나온 것이다.

6) 블루베리와 영양 불균형

인류문명이 발전하면서 인간은 도정과 가공에 능해지고 맛을 교정하고 보존을 오래할 수 있는 화학물질을 발명하기에 이르렀다. 그 결과 미각을 즐겁게 하는 도정, 가공, 조리라는 과정이 식품 자체가 가진 각종 영양소들을 파괴하면서 우리의 식사는 생명력을 잃게 되었다.

이렇게 되면 영양소 소실 외에도 해로운 보존제나 식품 첨가제 문제, 나아가 섬유질 부족 등의 문제를 겪게 된다.

또한 육식 위주의 서구화된 음식문화가 동물성 단백질과 지방질의 섭취를 증가시키면서, 동물성 단백질의 섭취에 기인한 노폐물 발생이 만성병의 원인이 되고 있으며, 지방질의 과다한 섭취로 혈관과 심장계통의 질환의 계속 증가하고 있다. 또한 공해에 노출된 자연환경, 특히 대량생산과 상품성을 위해 농약과 화학비료로 오염된 토양도 채소의 영양 가치를 떨어뜨려 영양 불균형을 일으키는 원인이 되고 있다.

블루베리의 영양불균형 개선 효과

블루베리는 비타민 C와 E, 안토시아닌, 식이섬유, 망간 등 항산화 물질이 풍부해 퇴행성 질환을 예방하는 동시에 훌륭한 영양학적 가치를 가진다. 또한 거의 유기농으로 재배되어 다른 의약품이나 첨가물이 섞인 것들과는 달리 순수 생과일이기 때문에 걱정 없이 안심하고 먹을 수 있다.

블루베리로 건강을 지키는 사람들

난시를 지켜준 블루베리, 고맙습니다

18세(남), **수험생**

저는 고등학교 3학년 학생으로 대학 입시를 코앞에 둔 학생입니다. 어릴 때부터 시력이 좋지 않아 초등학교 들어가면서부터 안경을 써왔습니다. 게다가 하루에 열 시간 가까이 책을 읽어야 하는 수험 생활로 들어서면서 밤이 되면 스탠드 불빛이 눈 시림이 심해지고 시력도 더 떨어지기 시작했습니다.

그러다가 검진을 위해 안과를 찾았는데, 의사 선생님께서 앞으로 눈 조심을 더해야 한다고 말씀하셨습니다. 눈의 피로도가 높아서 근시에서 난시로 진행되고 있으니 렌즈까지 새로 맞춰야 한다고 하셨습니다.

그 말을 듣고 속이 상한 사람은 저뿐만이 아니었습니다. 어머니도 그 말을 들으시고는 앞으로 오래 써야 할 눈이 너무 일찍 상했다고 속상해 하셨습니다. 그러다가 얼마 뒤 어머니가 저녁 식사 뒤에 블루베리 제품을 주셨습니다. 눈에 좋다니 우선 이거라도 꾸준히 먹어보자는 것이었습니다.

저는 별 생각 없이 받아서 먹었고, 그렇게 한 달 정도 지났을 때였습니다. 제일 먼저 좋아진 것은 눈부심이었습니다. 스탠드 불빛이 힘들어서 LED로 바꾼 뒤에도 여전히 눈이 부셨는데, 확실히 눈이 부시는 증상이 줄었습니다. 또 좋아진 것은 눈물 증상입니다. 눈이 시려서 인공 눈물을 시도 때도 없이 넣고 눈을 감고 있어야 했는데 그런 불편함이 많이 사라졌습니다.

지금 저는 3개월 가까이 블루베리를 먹고 있고, 블루베리가 눈을 편하게 해줬다는 것에 조금의 의심도 하지 않습니다. 이 좋은 블루베리를 어릴 때부터 먹었으면 이렇게 안경을 쓰지 않았을 텐데 하는 생각에 후회도 들 정도입니다. 저와 비슷한 수험생 여러분을 비롯해서 책과 컴퓨터를 많이 보는 학생 분들에게 블루베리를 권합니다.

고지혈증을 이기게 해준 블루베리

45세(남), **사업가**

저는 업무상 빡빡한 하루하루를 살아가는 무역 관련 사업가입니다. 외국을 많이 오가는 차라 항상 시차 문제로 피로를 느끼고, 외국 바이어들을 상대하다 보니 접대 자리는 물론 밤 낮 상관없이 수많은 전화들에 시달립니다. 이렇게 스트레스를 많이 받는 직업이다 보니 건강 걱정이 안 된 건 아니었지만, 따로 검진을 받을 만한 시간을 낼 수가 없었습니다.

그러던 어느 날, 아내의 손에 끌려서 찾아간 병원에서 고지혈증 진단을 받았습니다. 혈관 벽에 기름 찌꺼기가 많이 끼어 있고, 간 피로도도 높으며, 자칫 뇌졸중으로 발전할 수 있으니 육식을 줄이고 운동을 하라는 것입니다. 생각보다는 가벼운 질병이라고 생각하며 돌아왔지만 너무 바쁜 일정들을 생각하니 딱히 치료받기가 쉽지 않겠다는 생각이 들었습니다.

그렇게 병원 치료를 지속적으로 다니던 와중, 우연찮게 지인으로부터 블루베리를 먹어보라는 말을 들었습니다.

처음에는 그래봤자 딸기 종류인데 뭐가 좋을까 싶어서 거절했는데, 알고 보니 세계 10대 장수식품 중에 하나라고 하더군요. 그래서 조금이라도 도움이 될까 싶어 아내에게 부탁해 지인 분에게 블루베리 제품을 받아왔고, 간단한 포장 형태라서 가볍게 가방 안에 넣고 다니면서 섭취하기 시작했습니다. 일단 가지고 다니는 데 불편하지 않고 맛도 좋아서 정해진 시간에 먹지 못하면 꼭 식후나 중간 간식으로도 먹었습니다.

그렇게 석 달 정도 지나서 다시 검진을 받으러 갔는데 놀랍게도 예후가 아주 좋다는 결과가 나왔습니다. 그간 저는 바쁜 생활을 멈추기가 어려워 병원 약만 일정 부분 복용하고 블루베리를 섭취한 것 외에는 별다른 치료 생활을 유지하지 못하던 차였습니다.

예상외의 결과 때문에 놀란 우리 부부는, 그 다음번 주문에서는 아내 것까지 함께 주문했고, 결국 부부 두 사람이 함께 블루베리를 섭취하게 되었습니다. 아직 검진이 두 달 정도 남았지만 우리 부부는 블루베리 덕에 더 열심히 몸에 관심을 가지고 콜레스테롤을 다스리겠다는 다짐을 하곤 합니다. 블루베리가 가져다 준 좋은 효능을 더 많은 분들에게 권하고 싶습니다.

기억력 증진에 좋은 블루베리를 소개합니다

51세(여), **주부**

갱년기가 지나 이제는 노년기에 들어서고 있는 주부입니

다. 몇 달 전에 집에 큰일이 생겼습니다. 중요한 집 등기 기한을 훌쩍 넘겨버린 것입니다. 놀랍게도 저는 그 등기 날짜를 몇 번이나 확인해둔 차였습니다. 달력에 표시해놓아야겠다 생각해놓고서는 깜빡 한 뒤로 그대로 새카맣게 잊어버린 것입니다. 이 일 때문에 사정이 복잡해지면서 남편에게 싫은 소리를 여러 번 듣다보니 속상한 마음을 어쩔 수가 없었습니다.

그래서 알아보게 된 것이 기억력에 좋다는 식품들이었습니다. 내 자력이 안 된다면 다른 도움이라도 받아야 했습니다. 그래서 한의원도 다녀보고 침도 맞고 약도 정성들여 달여 먹어봤지만 눈에 띄는 효과가 없었습니다. 또한 매번 값비싼 약값에 병자처럼 병원을 드나드는 것도 탐탁하지 않던 차에, 어느 날 친구로부터 블루베리를 소개받게 되었습니다.

친구도 갱년기 시절 건망증 때문에 고생을 많이 했다고 합니다. 그러다가 블루베리를 먹게 되었는데 처음에는 건망증 때문에 먹은 게 아니라 노안 때문이었다고 합니다. 그러다가 점차 머리가 맑아지고 눈이 밝아지면서 젊어진다는 느낌이 들더니 기억력이 희미해지는 증상이 점차 줄었다고 했습니다.

믿을 만한 친구의 말이었기에 곧바로 블루베리를 구입해서 먹게 되었습니다. 그런데 재밌는 건 가장 먼저 좋아진 게 다름 아닌 피부였다는 점입니다. 피부가 맑아지고 생기가 돌면서 기분이 좋아지면서 생활에도 활기가 돌기 시작했습니다. 그런데 그것만으로 끝난 게 아닙니다. 반 년 정도 꾸준히 섭취하는데 저도 모르게 이전보다 머리가 맑아지고 예전에는 깜빡깜빡했던 전화번호나 날짜 등을 잊는 일들이 줄어들기 시작했습니다.

이제 저희 집 달력에는 더 이상 빨간 동그라미가 없습니다. 정말 중요한 날은 제가 적어놓고 기억합니다. 더 좋은 것은 기억력이 좋아지면서 내가 살고 있는 매순간을 더 잘 기억할 수 있다는 점입니다. 또한 가족들의 내조를 해야 하는 주부 입장에서 아이들과 남편의 일들을 더 잘 챙겨줄 수 있다는 것이 가장 기쁩니다. 제가 밝아지니 가족들 얼굴도

밝아지고 최근처럼 집안 분위기가 좋았던 적이 없습니다. 갱년기를 지나면서 건망증에 시달리는 분들께 블루베리의 효능을 느껴보시기를 권합니다.

무기력증을 완화해준 고마운 과일

32세(여), **주부**

제 작년에 아이를 낳고 무기력증과 산후우울증에 시달렸던 주부입니다. 식은땀이 많이 나고 항상 피로감을 느껴서 아이 키우는 데 시댁과 친정 부모님 손을 번갈아 빌려야 할 정도였습니다. 또한 임신 전부터 식욕이 떨어지고 미각이 예민해져서 심하게 입덧에 시달렸는데, 아이를 낳고도 입맛이 돌아오지 않고 간이 강한 음식은 아예 입도 못 대는 상황이 되었습니다. 한의원에 가보니 본래 허약 체질이라며 한약을 권하더군요.

하지만 한약은 냄새만 맡아도 견딜 수가 없어서 결국에

는 몇 번 복용하다가 멈추고, 이것저것 기능식품을 알아보게 되었습니다. 하지만 대부분은 역시 제 몸에 받지 않고 오히려 먹기 싫은 것을 먹어야 한다는 부담감에 신경만 예민해졌습니다. 그런데 친정어머니로부터 어머니도 저희 형제를 낳을 때 비슷한 경험을 했다는 말씀을 들었던 것이 기억났습니다. 집안 내력인지 그때 어머니도 음식을 못 드시고 젖이 안 나와 고생을 하셨다는데, 유독 딸기와 살구, 자두 같은 신 음식만큼은 거부감이 없으셨다고 합니다. 문득 그 생각이 나서 몸에 좋은 과일을 알아보다가 블루베리를 만나게 되었습니다.

처음에는 생과를 구입해서 먹었는데 놀랍게도 별로 비리거나 물리지 않고 속도 편했습니다. 게다가 어떻게든 몸에 도움이 되는 것을 먹고 있다는 안도감 때문인지 다른 음식들도 조금씩 받아들일 수 있게 되었습니다. 그렇게 음식들을 조금씩 먹다보니 생과만 먹는 대신 식후 먹을 수 있는 기능성 식품은 어떨까 싶었습니다.

그래서 블루베리 제품을 만났고, 그날부터 하루 두 번 잊지 않고 블루베리 제품을 섭취했습니다. 그러자 몸에 기운

이 돌고 무엇보다도 무기력증이 많이 호전되었습니다. 또한 젖도 잘 나오니 아이에게 미안했던 마음도 사그라들면서 삶에 대한 에너지가 생겼습니다. 단순히 게으름인 줄 알았던 것이 알고 보니 몸의 활력이 떨어져서 그랬다는 것도 느낄 수 있었습니다.

이제 저는 돌이 지난 아이를 건강하게 키우고 있는 엄마로서 자부심을 느끼고 살아갑니다. 저에게 활력과 기쁨을 전해준 블루베리에게 고마운 마음입니다.

최고의 다이어트 식품 블루베리

.... 27세(여), **직장인**

안녕하세요, 저는 스물일곱 살의 홍보회사에서 근무하는 김영진이라고 합니다. 최근 6개월간 블루베리를 섭취하면서 제가 겪게 된 변화에 대해서 말씀드리고 싶어서 이렇게 글을 씁니다.

저는 대학원을 졸업하고도 취업이 어려운 상황에서 몇 년간 취업 재수를 했습니다. 신입직원을 뽑는 회사도 별로 없고 경쟁도 심한 상황에서 무려 1년 반 넘게 취업 준비가 이어졌고, 뒤늦은 취업 준비라서 적지 않은 스트레스에 시달렸습니다.

그런데 어학과 취업 스펙에 매달린 지 채 1년도 채 안 돼서 생각지도 못했던 상황이 벌어졌습니다. 생각지도 않게 몸무게가 15키로 가까이 쪄버린 것입니다.

스트레스를 받을 때마다 단 음식과 야식 등을 즐겨 먹은 데다 취업 준비에 매달려 제대로 운동할 시간이 부족해서였을 것입니다. 게다가 목표치에 다다라 막상 면접을 보러 다니러니, 뚱뚱해진 모습에 위축이 돼서 우울증에라도 걸릴 것 같았습니다. 옷장을 열면 입을 옷이 없어서 새로 옷을 사야 하는 제 처지가 너무도 부끄럽게 느껴졌습니다.

그 뒤부터 안 해본 다이어트가 없었습니다. 비싼 관리실은 처지가 안 되어 못 다녔지만, 좋다는 다이어트 레시피나 식품은 있는 대로 먹어보고 공원 걷기도 시작했습니다. 하지만 너무 갑자기 찐 살이라서 제대로 운동하기도 힘들었고 바쁜 일과에 식사 거르는 일이 많다 보니 다이어트 식품을 매끼 챙겨먹기도 쉽지 않았습니다. 게다가 병원을 찾아가서 검진을 받았는데 서른도 안 되어 고지혈증이라는 진단을 받았습니다.

정말로 눈앞이 캄캄했습니다. 그러다가 어느 날 아버지께서 회사 동료로부터 선물을 받았다며 블루베리 제품을 가져다주셨습니다.

회사 동료 분의 고등학생 딸도 이걸 먹고 살을 뺐다는 것입니다. 저는 반신반의했지만 아버지의 정성이라고 생각해서 매일 두 번 빠지지 않고 먹기로 했고, 다른 음식은 걸러도 블루베리만큼은 꼭 챙겨먹으려 했습니다.

그런데 놀라운 체중감량보다 먼저 피로도가 낮아졌다는 점이었습니다. 머리가 맑아지고 몸이 가벼워지는 느낌이 들기 시작한 것입니다. 그때부터 더 열심히 블루베리를 먹으며 용기를 내서 운동을 시작했습니다. 나중에 들어보니 블루베리는 몸의 지방을 분해시켜주는 것뿐만 아니라 노화를 막아 몸의 활력을 높여준다고 하더군요. 즉 두 가지 효과가 동시에 시너지를 불러일으켜 더 좋은 효능을 내는 것이었습니다. 그렇게 4개월 정도 꾸준히 복용하면서 걷기 운동을 한 뒤로 무려 12키로의 체중을 감량할 수 있었습니다.

이후 저는 다시 취업 준비를 시작해서 지금 회사에 들어왔습니다. 그때까지 계속해서 블루베리 복용을 지속했고, 지금은 이전 체중과 거의 비슷한 상태로 돌아왔습니다.

새로운 직장에서 활기차게 일하면서 새로운 삶을 이끌어가고 있는 지금, 블루베리는 저에게 없어서는 안 될 친구 같은 존재입니다. 블루베리를 선물해주신 아버지께 감사의 마음을 전합니다.

운동에 필수적인 항산화 성분이 풍부한 과일

··· 29세(남), **헬스 코치**

저는 피트니스 센터에서 고객들에게 운동 지도를 하는 헬스 코치입니다. 어릴 때부터 운동을 좋아해서 대학교도 사회체육학과를 갔고, 동료들과 함께 피트니스 센터를 열었습니다. 운동하는 사람들은 워낙 몸 쓰는 일이 많다 보니 이곳저곳 다치는 것도 문제지만, 무엇보다 과도한 운동 뒤의 활성산소 발생으로 많이들 고생합니다. 매일 운동해서 체력이 더 좋을 것 같지만, 운동을 그만두면 그야말로 금방 늙어버린다고 하더군요.

저의 경우 하루 8시간가량을 운동을 지도하면서 보내는데, 완급 조절을 아무리 잘해도 피로가 쌓일 수밖에 없습니다. 이 때문에 많은 헬스 코치들이 식이조절과 함께 영양 공급에 신경 쓰는데, 다른 친구들은 생식이나 육식, 단백질 제재를 이용합니다.

하지만 저는 어렸을 때부터 육식을 별로 좋아하지 않아

서 오히려 몸이 작고 약했다고 합니다. 사춘기가 지나면서부터는 가리는 것 없이 잘 먹게 되었지만 운동하는 사람의 특성상 많이 해야 하는 육식이 쉽지만은 않았습니다. 뿐만 아니라 경기를 앞두고 체중 조절에 들어갈 때는 반대로 허기 때문에 힘든 적이 많았습니다.

블루베리 제품을 소개해주신 분은 저희 고모님이십니다. 고모부께서 오랫동안 중풍을 앓으셨는데 블루베리 제품이 많은 도움이 되었다며 저에게도 한 박스를 주셨습니다. 처음에는 숙소 구석에 던져두고 먹지 않았는데 블루베리가 운동선수들에게 과도하게 발생하는 활성산소를 제거해주고 식이섬유와 비타민이 풍부하다는 이야기를 듣고 매일 열심히 섭취하기 시작했습니다.

제가 운동을 하면서 깨닫게 된 것은, 같은 운동도 더 건강하게 운동하는 법이 있다는 점입니다. 처음에는 여자들이나 먹을 것 같은 제품이라 소홀히 했지만, 블루베리를 먹고 난 뒤부터 몸이 무겁고 머리가 어지러운 증상이 많이 완화되었고, 얼굴색도 확연히 좋아졌습니다. 이 때문에 요즘은

손님들에게 블루베리 많이 드시라고 권하고 있어서 블루베리 전도사라도 된 느낌입니다.

운동 좋아하시는 분들, 운동할 때는 함께 먹는 음식도 중요합니다. 식단을 챙기는 것과 더불어 블루베리로 부족한 영양소를 섭취하시면 더 건강한 운동을 즐길 수 있습니다. 모두들 블루베리와 적절한 운동으로 건강을 지켜가시기 바랍니다.

직장인의 피로를 풀어주는 과일, 블루베리

36세(남), **직장인**

요즘 저희 회사에서 많은 이들이 블루베리를 찾고 있습니다. 다름이 아니라 저 때문입니다.

저는 컴퓨터 IT 업계에서 일하는 사람입니다. IT 업무는 다양한 직종 중에서도 컴퓨터 앞에 가장 오래 앉아 있는 직업입니다. 야근이 많을 때는 하루에 열 시간 넘는 시간을 컴퓨터 앞에 앉아 있기도 합니다.

이는 비단 저만의 문제가 아닙니다. 저와 함께 일하는 동료들 대부분이 저와 비슷한 일에 종사하기 때문에 IT 업계에서 시력 좋은 사람이 매우 드뭅니다.

저도 이 직종을 8년째 하면서 가장 먼저 시력저하라는 복병을 만났습니다. 여섯 시간 이상 근무할 때면 눈에서 눈물이 줄줄 흐르고 충혈되기 일쑤였습니다.

게다가 어깨에는 오십견이 오고 피로감이 심했습니다. 점심시간에 잠시나마 운동을 해보았지만 워낙 시간이 짧고 무기력증 때문에 회사 옥상에서 줄넘기 10분 하는 것도 쉽지 않았습니다.

그러다가 저와 제 동료가 먼저 블루베리를 먹어보자고 의논했습니다. 다름이 아니라 시력 저하에 블루베리가 좋다는 이야기를 들었기 때문입니다.

그런데 찬찬히 알아보니 블루베리에는 항산화 성분이 많고 비타민, 식이섬유 등이 풍부해 슈퍼푸드라고 불릴 만한 과일이었습니다. 다만 회사에서 매번 과일을 먹을 수 없기 때문에 간편하게 휴대하고 섭취할 수 있는 제품이 필요했습니다. 그렇게 해서 먹게 된 것이 블루베리 기능성 식품입니다.

처음에는 반신반의했는데 동료와 저 모두 일단 속 더부룩함과 어깨 결림이 이전보다 줄었다는 것을 느낄 수 있었습니다. 우리 둘은 신기해 하기는 했지만 기분 탓인가 생각했습니다. 하지만 섭취 한 달이 넘어서면서 점차 그 효능이 확실하다는 점이 온몸으로 느껴졌습니다.

제 경우 저녁 시간이 되면 어깨가 너무 아파서 잠시 회사 간이침대에 누워있어야 할 정도였는데 어느 날 제 동료가 "○○씨, 요즘 웬일로 간이침대 안 가네." 하는 것 아니겠습니까?

그러고 보니 한두 주 전부터는 통증도 줄고 피로도 덜해서 업무에 훨씬 잘 집중할 수 있었습니다. 게다가 눈에 좋다는 명약이라선지 눈 피로도 훨씬 덜했습니다. 이후 이 소식을 들은 사장님께서 직원 6명에게 제가 먹는 제품을 한

박스씩 선물하셨고, 덕분에 많은 동료들이 지금 블루베리의 팬이 되었습니다.

컴퓨터 업무가 잦고 야근 많으신 분들, 고민하지 마시고 블루베리를 찾아보세요. 훨씬 활력 있는 생활이 여러분을 찾아올 것입니다.

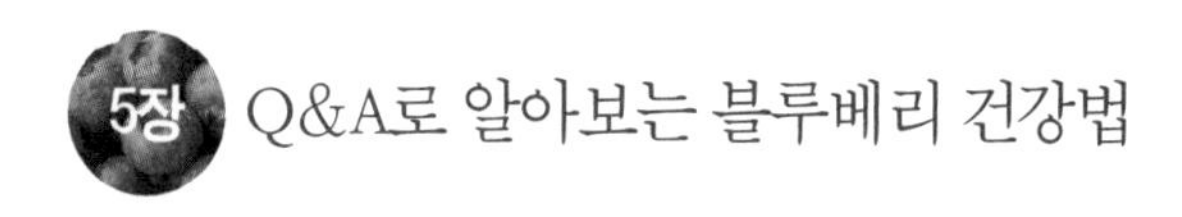

5장 Q&A로 알아보는 블루베리 건강법

Q : 시중에 블루베리가 많아서 어떤 상품이 좋은지 고르기 어렵습니다. 어떤 블루베리가 좋은 블루베리인가요?

A : 잘 익은 블루베리는 푸르스름한 검은색을 띄고 있습니다. 또한 과육이 크고 고른 제품이 좋습니다. 반면 너무 붉은빛이 돌면 덜 익은 것이고 물기가 많은 것은 너무 익은 것이므로 피하시는 게 좋습니다.

Q : 우리나라에서도 요즘은 블루베리가 많이 재배되나요?

A : 블루베리는 대개 6월 중순부터 초가을까지 수확합니다. 최근 우리나라의 날씨와 맞는 품종들이 많아 농가의 고

소득 작물로 떠오르고 있지요. 때문에 전국적으로 재배지와 생산량도 증가하고 있는 추세입니다. 국산 블루베리는 외국산 블루베리에 비해 신선도가 높고 풍부한 토양으로 영양학적으로도 우수합니다.

Q : 블루베리의 안토시아닌 성분은 가공하면 파괴되지 않나요?

A : 블루베리는 잼이나 다양한 가공식품 형태로도 시중에 많이 나옵니다. 이는 블루베리의 대표적 영양소 안토시아닌이 가열하거나 냉동시켜도 파괴되지 않기 때문입니다.

따라서 생과를 얼렸다가 해동해서 필요할 때마다 먹어도 좋고, 요리 시 첨가해도 그 맛과 영양이 떨어지지 않습니다.

Q : 블루베리, 하루에 얼마나 먹으면 좋은가?

A : 안토시아닌은 1970년대 후반부터 눈을 혹사하는 사람들이나 노인들의 시력 저하 등에 의약품으로 사용되고

있습니다. 이 안토시아닌을 효능이 나타날 정도로 섭취하려면, 블루베리 생 열매의 경우는 120~250g을, 블루베리 파우더의 경우 1~2 티스푼을 섭취해야 합니다.

또한 엑기스는 안토시아닌이 25% 함유된 120~250mg가 적당합니다. 건과는 약 30개 정도로 10g이면 적합하며, 블루베리가 다량 포함된 잼을 먹는 것도 좋습니다.

Q : 눈이 많이 나쁠 때 블루베리를 많이 섭취하면 눈이 더 좋아지나요?

A : 그렇지는 않습니다. 블루베리는 한꺼번에 많이 먹기보다는 매일 조금씩 먹는 것이 효과적인데, 안토시아닌의 효과는 식후 4시간 내에 나타나서 24시간 내에 소멸되기 때문입니다.

또한 안토시아닌이 가장 많이 함유된 껍질까지 먹었을 때 가장 좋은 효과를 볼 수 있습니다.

Q : 블루베리를 먹고 싶은데 농약성분이 걱정됩니다

A : 블루베리는 야생 상태에서 가장 잘 자라는 식물입니다. 따라서 현재 국내에서 생산되는 블루베리는 거의가 유기농으로 재배됩니다. 따라서 농약이나 화학 성분의 첨가가 전혀 없는 만큼 안심하고 드셔도 무방합니다.

Q : 백내장 수술을 앞두고 있는데 블루베리가 효과가 있을까요?

A : 안토시아닌 색소는 비타민 P와 비슷한 작용으로 눈의 모세혈관과 망막을 튼튼하게 하여 망막박리와 백내장을 방지합니다. 또한 백내장 수술을 했더라도 블루베리의 효과가 수술 후 눈에 작용해 눈의 회복에 도움을 줍니다. 따라서 눈과 관련된 질환에도 블루베리를 섭취하시면 회복과 정상화를 앞당길 수 있습니다.

Q : 블루베리를 이용한 다양한 식품들을 알고 싶습니다

A : 일반적으로 블루베리가 가장 많이 쓰이는 음식은 파이와 머핀 같은 과자류입니다. 그러나 최근에는 다양한 떡과 아이스크림, 나아가 블루베리 성분들이 포함된 음료수 등 다양한 형태의 식품들이 등장하고 있습니다. 다만 통조림은 좋은 식물성 물질들이 많이 파괴되어 있는 만큼 큰 효능을 기대할 수 없습니다.

Q : 블루베리를 꾸준히 먹고 싶은데 생과 먹기가 쉽지 않습니다

A : 블루베리는 생과로 먹을 때 효능이 가장 좋지만 생과를 가지고 다니기 어려운 휴대의 불편함이 있습니다. 이럴 때 간편하게 섭취할 수 있는 것이 블루베리로 만든 기능성 식품들입니다. 기능성 식품은 진액, 파우더 등 여러 형태로 나오는데 휴대성과 비용, 알맞은 형태를 고려하여 구매하시면 됩니다.

Q : 블루베리가 임산부에게도 괜찮을까요?

A : 네, 괜찮을 뿐 아니라 오히려 도움이 됩니다. 블루베리는 엽산이라는 성분이 풍부한데 이 엽산은 태아의 세포와 시신경의 발달을 도와줌으로서 임산부 여성에게 필수적인 영양소입니다. 또한 엽산은 여성들의 자궁경부암을 예방하는 데도 큰 도움이 됩니다. 이외에도 블루베리는 다양한 영양소와 피로 회복, 항산화 물질이 포함되어 임신으로 인한 불편감과 피로를 제거하는 데 도움을 줍니다.

MEMO

나에게 블루베리가 필요한지 체크해봅시다

- □ 기억력이 계속 떨어지고 있다.
- □ 눈이 자주 충혈 된다.
- □ 최근 시력저하가 급격해졌다.
- □ 일주일에 3회 이상 음주를 한다.
- □ 평소에 감기가 걸리면 오래간다.
- □ 저녁 무렵이 되면 눈이 뻑뻑하다.
- □ 갱년기 증상을 느낄 때가 있다.
- □ 가족 전체가 먹을 만한 영양제를 찾고 있다.
- □ 수험생인 자녀가 있다.
- □ 임산부로서 영양 섭취가 필요하다.
- □ 피부 상태가 거칠거칠하고 피로해 보인다.
- □ 격렬한 운동을 즐기는 편이다.
- □ 다이어트를 계획 중이다.
- □ 금연을 준비 중이다.
- □ 각종 성인병 예방을 위해 관심이 있다.
- □ 집에 노약자가 있다.
- □ 백내장 수술을 예정하고 있거나 한 뒤이다.

*해당 항목 4개

아주 건강한 축에 속하는 생활습관과 환경을 유지하는 분들입니다. 자신의 몸 상태를 잘 알고 있기 때문에 건강 또한 잘 지킬 수 있는 이들입니다. 이런 분들은 건강은 잃기 전에 지켜야 한다는 것을 알기 때문에 항상 건강 상태를 유지하는 데 신경을 쓰려고 합니다.

이런 분들에게는 과도한 식품들보다는 신진대사 활력 증강, 유해물질 제거, 노화방지 효과가 뛰어난 블루베리를 먹는 것이 건강 증진에 좋습니다.

*해당 항목 5~10개

평범한 현대인들의 습관을 고수하는 분들입니다. 이런 분들은 자신의 생활 패턴과 식습관을 한번쯤 점검해봄으로써 좀 더 건강한 생활을 영위하고자 하는 동기부여를 얻어 볼 필요가 있습니다. 이럴 때 블루베리의 섭취는 가족과 내 건강을 일상 속에서 다듬어가고 지켜가는 방법의 하나로서, 건강에 대한 관심을 가지고 기초체력을 높이는 데 도움이 됩니다. 블루베리의 항산화 효과와 시력 증강 효과 등이 좋은 예후를 보일 수 있습니다.

*해당 항목 11~17개

건강을 위해 체계적인 관리에 들어가야 하는 상태입니다. 신체 밸런스가 무너지고 피로가 쌓이고 노화가 상당히 진행된 상황인 만큼 반드시 블루베리 섭취를 고려해보아야 합니다. 특히 시력저하, 알츠하이머, 만성피로 등의 증상이 나타나거나 고지방 식사와 음주가 잦다면 운동과 함께 블루베리 섭취로 체중과 체질을 개선해야 합니다.

맺음말

블루베리를 통해 만나는 새로운 삶

건강한 삶은 누구나의 소원이다. 하지만 그것을 지켜가는 일은 쉽지만은 않다. 다양한 정보들에 관심을 가지고, 또한 그것을 몸으로 실천하는 부지런함이 필요하다. 건강해지고 싶다는 생각을 머릿속으로만 할 것이 아니라 눈으로 찾아보고 귀로 들어봐야 한다.

블루베리는 신이 내린 자연의 선물 중에서도 으뜸이라 할 만한 다양한 효능들을 갖춘 열매로서, 바쁘고 지친 현대인들의 삶에 새로운 활력을 불어넣어줄 수 있는 최고의 건강 동반자로 손색이 없다.

이 책은 바로 블루베리라는 신대륙을 독자 분들에게 소개하기 위해 집필되었다. 시력 저하로 고생하는 모든 이들, 바쁜 삶 속에서 만성 피로에 지친 직장인들, 가족들을 돌보는 가정주부, 집중력

이 필요한 수험생, 건강한 노후를 원하는 노년층들, 다이어트를 자주 하는 미혼 여성들, 이 모두에게 블루베리라는 새로운 건강 화두를 권한다.